电网企业

一线员工 作业一本通

配网运维

国网浙江省电力公司　组编

中国电力出版社
CHINA ELECTRIC POWER PRESS

内 容 提 要

本书为"电网企业一线员工作业一本通"丛书之《配网运维》，围绕配电网巡视、配电网维护及行为规范三个方面，以图解的形式，对配电网设备的巡视维护作业进行说明，对规范配电网运维的现场作业行为及流程具有较强的实用性。

本书可供配电网运维基层管理者和一线员工培训和自学使用。

图书在版编目（CIP）数据

配网运维 / 国网浙江省电力公司组编. — 北京：中国电力出版社，2016.12（2023.9重印）
（电网企业一线员工作业一本通）
ISBN 978-7-5123-9731-6

Ⅰ.①配… Ⅱ.①国… Ⅲ.①配电系统—电力系统运行—维修 Ⅳ.①TM726

中国版本图书馆CIP数据核字（2016）第209663号

中国电力出版社出版、发行
（北京市东城区北京站西街19号 100005 http://www.cepp.sgcc.com.cn）
三河市万龙印装有限公司印刷
各地新华书店经售

＊

2016年12月第一版　　2023年9月北京第五次印刷
787毫米×1092毫米　32开本　4.125印张　97千字
定价**22.00**元

编　委　会

编 写 组

组　长　张　亮

副组长　单林森　俞杭科

成　员　朱江峰　沈　祥　朱建国　张金鹏　张旭阳　俞　键

　　　　　高　捷　童建军　盛俊豪　周少聪　韩立楠　林泽科

　　　　　魏　健　黄行星　王思海　莫俊雄　梁　侃

丛书序

　　国网浙江省电力公司在国家电网公司领导下，以"两个率先"的精神全面建设"一强三优"现代公司。建设一支技术技能精湛、操作标准规范、服务理念先进的一线技能人员队伍是实现"两个一流"的必然要求和有力支撑。

　　2013年，国网浙江省电力公司组织编写了"电力营销一线员工作业一本通"丛书，受到了公司系统营销岗位员工的一致好评，并形成了一定的品牌效应。2016年，国网浙江省电力公司将"一本通"拓展到电网运检、调控业务，形成了"电网企业一线员工作业一本通"丛书。

　　"电网企业一线员工作业一本通"丛书的编写，是为了将管理制度与技术规范落地，把标准规范整合、翻译成一线员工看得懂、记得住、可执行的操作手册，以不断提高员工操作技能和供电服务水平。丛书主要体现了以下特点：

　　一是内容涵盖全，业务流程清晰。其内容涵盖了营销稽查、变电站智能巡检机器人现场运维、特高压直流保护与控制运维等近30项生产一线主要专项业务或操作，对作业准备、现场作业、应急处理等事项进行了翔实描述，工作要点明确、步骤清晰、流程规范。

二是标准规范，注重实效。书中内容均符合国家、行业或国家电网公司颁布的标准规范，结合生产实际，体现最新操作要求、操作规范和操作工艺。一线员工均可以从中获得启发，举一反三，不断提升操作规范性和安全性。

三是图文并茂，生动易学。丛书内容全部通过现场操作实景照片、简明漫画、操作流程图及简要文字说明等一线员工喜闻乐见的方式展现，使"一本通"真正成为大家的口袋书、工具书。

最后，向"电网企业一线员工作业一本通"丛书的出版表示诚挚的祝贺，向付出辛勤劳动的编写人员表示衷心的感谢！

国网浙江省电力公司总经理　肖世杰

前　言

为进一步完善配电网标准化建设体系，强化配电网运维一体化和专业化管理工作，更好地满足检修体系要求，提高配电网精益化工作水平，国网浙江省电力公司组织来自配电运检一线的基层管理者和技术能手，本着"规范、统一、实效"的原则，编写了"电网企业一线员工作业一本通"丛书的《配网运维》分册。

本书以Q/GDW1519-2014《配电网运维规程》为主要依据，紧扣实际工作，以图解的形式，围绕配电网巡视、配电网维护及行为规范三个方面，对配电网设备的巡视维护作业进行说明，旨在全面规范配电网运维管理工作，方便运维人员现场运维与消缺处理。

本书的编写得到了绍兴供电公司、诸暨市供电公司、上虞区供电公司、嵊州市供电公司、新昌县供电公司等单位的大力支持，在此谨向参与本书编写、研讨、审稿、业务指导的各位领导、专家和有关单位致以诚挚的感谢！

由于编者水平有限，疏漏之处在所难免，敬请读者提出宝贵意见。

编者

2016年7月

目　录

丛书序

前言

Part 1　配电网巡视 ………………………………………………… 1

　一、架空线路巡视 …………………………………………………… 4

　　（一）通道巡视 …………………………………………………… 4

　　（二）杆塔和基础巡视 …………………………………………… 11

　　（三）导线巡视 …………………………………………………… 18

　　（四）铁件、金具、绝缘子、附件巡视 ………………………… 23

　　（五）拉线巡视 …………………………………………………… 29

　二、电力电缆线路巡视 ……………………………………………… 35

　　（一）通道巡视 …………………………………………………… 35

　　（二）电缆管沟、隧道内部巡视 ………………………………… 39

　　（三）电缆本体巡视 ……………………………………………… 42

　　（四）电缆终端巡视 ……………………………………………… 43

（五）电缆中间接头巡视 ·················· 46

（六）电缆分支箱巡视 ···················· 47

三、柱上设备巡视 ····························· 49

（一）柱上开关设备巡视 ·················· 49

（二）隔离负荷开关、隔离开关（刀闸）、跌落式熔断器巡视 ······ 52

（三）柱上电容器巡视 ···················· 57

四、开关柜、配电柜巡视 ························ 59

五、配电变压器巡视 ··························· 63

六、防雷和接地装置巡视 ························ 68

七、站房类建（构）筑物巡视 ···················· 73

Part 2　配电网维护 ····················· **77**

一、架空线路维护 ····························· 78

（一）通道维护 ························· 78

（二）杆塔、导线和基础维护 ················ 80

（三）拉线维护 ························· 83

二、电力电缆线路维护 …………………………………… 85

（一）通道维护 …………………………………… 85

（二）电缆本体及附件维护 ………………………… 88

（三）电缆分支箱维护 …………………………… 89

三、柱上设备维护 …………………………………… 90

四、开关柜、配电柜维护 …………………………… 91

五、配电变压器维护 ………………………………… 92

六、防雷和接地装置的维护 ………………………… 95

七、站房类建（构）筑物的维护 …………………… 97

附录　配网运维工作规范 ………………………………… 101

Part 1

　　配电网巡视主要包括架空线路巡视，电力电缆线路巡视，柱上设备巡视，开关柜、配电柜巡视，配电变压器巡视。运维单位应结合配电网设备、设施运行状况和气候、环境变化情况以及上级运维管理部门的要求，编制计划、合理安排，开展标准化巡视工作。巡视人员开展巡视工作时，应随身携带相关资料及常用工具、备件和个人防护用品。

配电网巡视

运维单位应结合配电网设备、设施运行状况和气候、环境变化情况以及上级运维管理部门的要求，编制计划、合理安排，开展标准化巡视工作。巡视可分为定期巡视、特殊巡视、夜间巡视、故障巡视、监察巡视等几类。

定期巡视是配电网运维人员掌握配电网设备、设施的运行状况、运行环境变化情况，及时发现缺陷和威胁配电网安全运行情况进行的巡视。根据设备状态评价结果，对该设备的定期巡视周期可动态调整，最多可延长一个定期巡视周期，架空线路通道与电缆线路通道的定期巡视周期不得延长。定期巡视的周期见表1。

表1　　　　　　　　　　　定期巡视周期

序号	巡视对象	周　期
1	架空线路通道	市区：一个月
		郊区及农村：一个季度
2	电缆线路通道	一个月
3	架空线路、柱上开关设备 柱上变压器、柱上电容器	市区：一个月
		郊区及农村：一个季度
4	电力电缆线路	一个季度
5	中压开关站、环网单元	一个季度
6	配电室、箱式变电站	一个季度
7	防雷与接地装置	与主设备相同
8	配电终端、直流电源	与主设备相同

特殊巡视是在有外力破坏可能、恶劣气象条件（如大风、暴雨、覆冰、高温等）、重要保电任务、设备带缺陷运行或其他特殊情况下由运维单位组织对设备进行的全部或部分巡视。

夜间巡视是在负荷高峰或雾天的夜间由运维单位组织进行的巡视，主要检查连接点有无过热、打火现象，绝缘子表面有无闪络等。重负荷和三级污秽及以上地区线路应每年至少进行一次夜间巡视，其余视情况确定。

故障巡视是由运维单位组织进行，以查明线路发生故障的地点和原因为目的的巡视。

监察巡视是由管理人员组织进行的巡视，以了解线路及设备状况，检查、指导巡视人员的巡视工作。重要线路和故障多发线路应每年至少进行一次监察巡视。

巡视人员开展巡视工作时，应随身携带相关资料及常用工具、备件和个人防护用品，在巡视线路、设备时，同时核对命名、编号、标识、标示等，并认真填写包括气象条件、巡视人、巡视日期、巡视范围、线路设备名称及发现的缺陷情况、缺陷类别，沿线危及线路设备安全的树（竹）、建（构）筑物和施工情况、存在外力破坏可能的情况、交叉跨越的变动情况以及初步处理意见和情况等内容的巡视记录。巡视人员在发现危急缺陷时应立即向班长汇报，并协助做好消缺工作；发现影响安全的施工作业情况，应立即开展调查，做好现场宣传、劝阻工作，并书面通知施工单位。

一　架空线路巡视

架空线路的巡视主要包括通道、杆塔和基础、导线、铁件、金具、绝缘子、附件和拉线的巡视。

（一）通道巡视

架空线路通道巡视主要包括以下内容：

① 线路保护区内有无易燃、易爆物品和腐蚀性液（气）体。

②导线对地，对道路、公路、铁路、索道、河流、建（构）筑物等的距离是否符合相关规定，有无可能触及导线的铁烟囱、天线、路灯等。

③有无可能被风刮起、危及线路安全的物体（如金属薄膜、广告牌、风筝等）。

④ 线路附近的爆破工程有无爆破手续，
其安全措施是否妥当。

⑤ 防护区内栽植的树（竹）情况及导线与
树（竹）的距离是否符合规定，有无蔓藤
类植物附生威胁安全。

⑥是否存在对线路安全构成威胁的工程设施（施工机械、脚手架、拉线、开挖、地下采掘、打桩等）。

⑦ 是否存在电力设施被擅自移作他用的现象。

⑧ 线路附近是否出现高大机械、缆风索及可移动设施等。

⑨ 线路附近有无污染源。

⑩ 线路附近河道、冲沟、山坡有无变化，巡视、检修时使用的道路、桥梁是否损坏，是否存在江河泛滥及山洪、泥石流对线路的影响。

⑪ 线路附近有无修建的道路、码头、货物等。

⑫ 线路附近有无射击、放风筝、抛扔杂物、飘洒金属和在杆塔、拉线上拴牲畜等。

⑬ 有无在建、已建违反《电力设施保护条例》及《电力设施保护条例实施细则》的建（构）筑物。

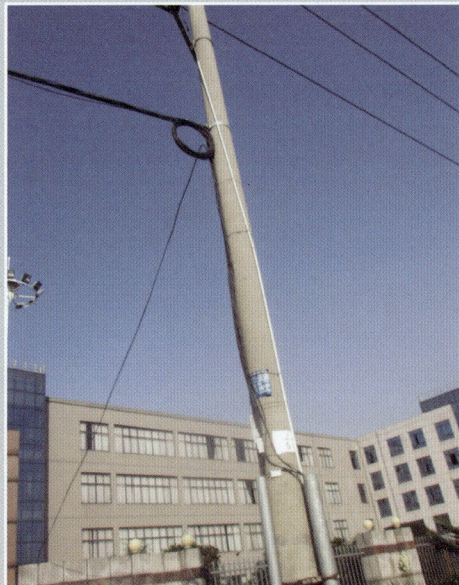

⑭通道内有无未经批准擅自搭挂的弱电线路。

（二）杆塔和基础巡视

杆塔和基础巡视主要包括以下内容：

① 杆塔是否倾斜、位移，是否符合 SD 292—1988《架空配电线路及设备运行规程》相关规定，杆塔偏离线路中心不应大于 0.1m，混凝土杆倾斜不应大于 15/1000，铁塔倾斜度不应大于 0.5%（适用于 50m 及以上高度铁塔）或 1.0%（适用于 50m 以下高度铁塔），转角杆不应向内角倾斜，终端杆不应向导线侧倾斜，向拉线侧倾斜应小于 0.2m。

② 混凝土杆不应有严重裂纹、铁锈水，保护层不应脱落、疏松、钢筋外露，混凝土杆不宜有纵向裂纹，横向裂纹不宜超过1/3周长，且裂纹宽度不宜大于0.5mm；焊接杆焊接处应无裂纹，无严重锈蚀；铁塔（钢杆）不应严重锈蚀，主材弯曲度不应超过5/1000，混凝土基础不应有裂纹、疏松、露筋。

③基础有无损坏、下沉、上拔，周围土壤有无挖掘或沉陷，杆塔埋深是否符合要求。

④基础保护帽上部塔材有无被埋入土或废弃物堆中，塔材有无锈蚀、缺失。

⑤各部螺丝应紧固，杆塔部件的固定处是否缺螺栓或螺母，螺栓是否松动等。

⑥杆塔有无被水淹、水冲的可能，防洪设施有无损坏、坍塌。

⑦ 杆塔位置是否合适、有无被车撞的可能，保护设施是否完好，安全标示是否清晰。

⑧ 各类标识（杆号牌、相位牌、3m 线标记等）是否齐全、清晰明显、规范统一、位置合适、安装牢固。

⑨ 杆塔周围有无蔓藤类植物和其他附着物，有无危及安全的鸟巢、风筝及杂物。

⑩ 杆搭上有无未经批准搭挂设施或非同一电源的低压配电线路。

（三）导线巡视

导线巡视主要包括以下内容：

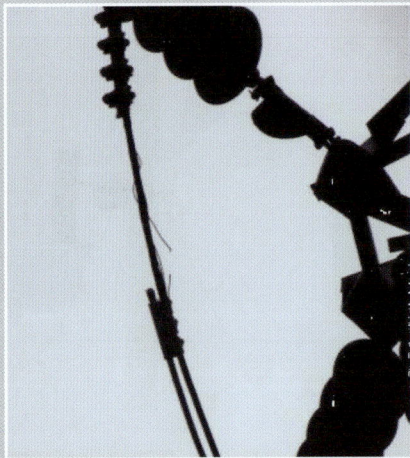

① 导线有无断股、损伤、烧伤、腐蚀的痕迹，绑扎线有无脱落、开裂，连接线夹螺栓是否紧固、有无跑线现象，7 股导线中任一股损伤深度不应超过该股导线直径的 1/2，19 股及以上导线任一处的损伤不应超过 3 股。

② 三相弛度是否平衡，有无过紧、过松现象，三相导线弛度误差不应超过设计值的 −5% 或 +10%，一般档距内弛度相差不宜超过 50mm。

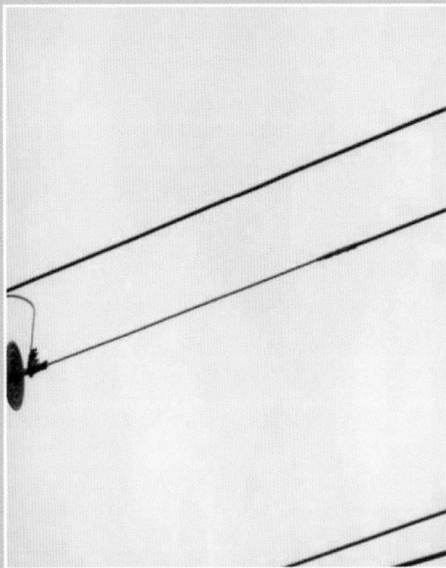

③ 导线连接部位是否良好，有无过热变色和严重腐蚀，连接线夹是否缺失。

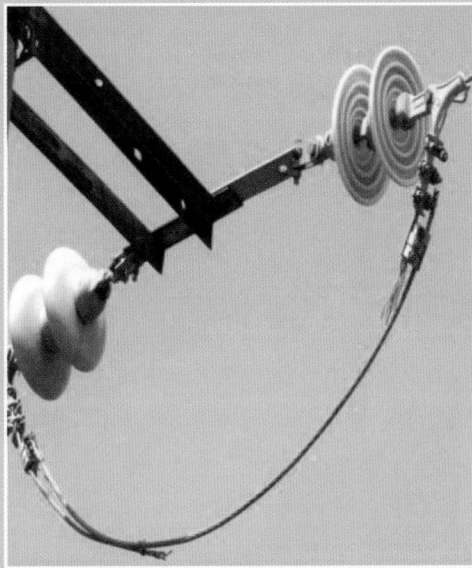

④ 跳（档）线、引线有无损伤、断股、弯扭。

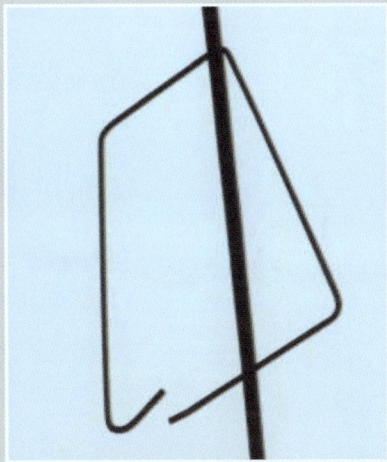

⑤ 导线的线间距离，过引线、引下线与邻相的过引线、引下线、导线之间的净空距离以及导线与拉线、杆塔或构件的距离是否符合 DL/T 601–1996《架空绝缘配电线路设计技术规程》、DL/T 5220–2005《10kV 及以下架空配电线路设计技术规程》相关规定。

⑥ 导线上有无抛扔物。

⑦架空绝缘导线有无过热、变形、起泡现象。

⑧过引线有无损伤、断股、松股、歪扭，与杆塔、构件及其他引线间距离是否符合规定。

（四）铁件、金具、绝缘子、附件巡视

铁件、金具、绝缘子、附件巡视主要包括以下内容：

① 铁横担与金具有无严重锈蚀、变形、磨损、起皮或出现严重麻点，锈蚀表面积不应超过1/2，特别应注意检查金具经常活动、转动的部位和绝缘子串悬挂点的金具。

② 横担上下倾斜、左右偏斜不应大于横担长度的2%。

③螺栓是否松动，有无缺螺帽、销子，开口销及弹簧销有无锈蚀、断裂、脱落。

④ 线夹、连接器上有无锈蚀或过热现象（如接头变色、熔化痕迹等），连接线夹弹簧垫是否齐全、紧固。

⑤ 瓷质绝缘子有无损伤、裂纹和闪络痕迹，釉面剥落面积不应大于100mm^2，合成绝缘子的绝缘介质是否龟裂、破损、脱落。

⑥ 铁脚、铁帽有无锈蚀、松动、弯曲偏斜。

⑦ 瓷横担、瓷顶担是否偏斜。

⑧ 绝缘子钢脚有无弯曲，铁件有无严重锈蚀，针式绝缘子是否歪斜。

⑨在同一绝缘等级内，绝缘子装设是否保持一致。

⑩支持绝缘子绑扎线有无松弛和开断现象；与绝缘导线直接接触的金具绝缘罩是否齐全，有无开裂、发热变色变形，接地环设置是否满足要求。

⑪ 铝包带、预绞丝有无滑动、断股或烧伤，防振锤有无移位、脱落、偏斜。

⑫ 驱鸟装置、故障指示器工作是否正常。

（五）拉线巡视

拉线巡视主要包括以下内容：

① 拉线有无断股、松弛、严重锈蚀和张力分配不匀等现象，拉线的受力角度是否适当。当一基电杆上装设多条拉线时，各条拉线的受力应一致。

② 跨越道路的水平拉线，对地距离符合 DL/T 5220–2005《10kV 及以下架空配电线路设计技术规程》相关规定要求，对路边缘的垂直距离不应小于 6m，跨越电车行车线的水平拉线，对路面的垂直距离不应小于 9m。

③拉线棒有无严重锈蚀、变形、损伤及上拔现象，必要时应做局部开挖检查。

④ 拉线基础是否牢固，周围土壤有无突起、沉陷、缺土等现象。

⑤ 拉线绝缘子是否破损或缺少，对地距离是否符合要求。

⑥ 拉线不应设在妨碍交通（行人、车辆）或易被车撞的地方，无法避免时应设有明显警示标示或采取其他保护措施，穿越带电导线的拉线应加设拉线绝缘子。

⑦ 拉线杆是否损坏、开裂、起弓、拉直。

⑧ 拉线的抱箍、拉线棒、UT 型线夹、楔型线夹等金具铁件有无变形、锈蚀、松动或丢失现象。

⑨顶（撑）杆、拉线桩、保护桩（墩）等有无损坏、开裂等现象。

⑩拉线的 UT 型线夹有无被埋入土或废弃物堆中。

二 电力电缆线路巡视

电力电缆线路的巡视主要包括通道、电缆管沟、隧道内部、电缆本体、电缆终端头、电缆中间接头、电缆分支箱的巡视。

（一）通道巡视

电力电缆通道巡视主要包括以下内容：

①路径周边是否有管道穿越、开挖、打桩、钻探等施工，检查路径沿线各种标识、标示是否齐全。

② 通道内是否存在土壤流失，造成排管包封、工作井等局部点暴露或者导致工作井、沟体下沉、盖板倾斜。

③ 通道上方是否修建建（构）筑物，是否堆置可燃物、杂物、重物、腐蚀物等。

④ 通道内是否有热力管道或易燃易爆管道泄漏现象。

⑤ 盖板是否齐全完整、排列紧密，有无破损；盖板是否压在电缆本体、接头或者配套辅助设施上；盖板是否影响行人、过往车辆安全。

⑥ 隧道进出口设施是否完好，巡视和检修通道是否畅通，沿线通风口是否完好。

⑦ 电缆桥架是否存在损坏、锈蚀现象，是否出现倾斜、基础下沉、覆土流失等现象，桥架与过渡工作井之间是否产生裂缝和错位现象。

⑧ 水底电缆管道保护区内是否有挖砂、钻探、打桩、抛锚、拖锚、底拖捕捞、张网、养殖或者其他可能破坏海底电缆管道安全的水上作业。临近河（海）岸两侧是否有受潮水冲刷的现象，电缆盖板是否露出水面或移位，河岸两端的警告标示是否完好。

（二）电缆管沟、隧道内部巡视

电缆管沟、隧道内部巡视主要包括以下内容：

① 结构本体有无形变，支架、爬梯、楼梯等附属设施及标识标示是否完好。

② 结构内部是否存在火灾、坍塌、盗窃、积水等隐患。

③ 结构内部是否存在温度超标、通风不良、杂物堆积等缺陷，缆线孔洞的封堵是否完好。
④ 电缆固定金具是否齐全，隧道内接地箱、交叉互联箱的固定、外观情况是否良好。
⑤ 机械通风、照明、排水、消防、通信、监控、测温等系统或设备是否运行正常，是否存在隐患和缺陷。

⑥ 测量并记录氧气和可燃、有害气体的成分和含量。

⑦ 保护区内是否存在未经批准的穿管施工。

（三）电缆本体巡视

电缆本体巡视主要包括以下内容：

① 电缆是否变形，表面温度是否过高。
② 电缆线路的标识、标示是否齐全、清晰。
③ 电缆线路排列是否整齐规范，是否按电压等级的高低从下向上分层排列；通信光缆与电力电缆同沟时是否采取有效的隔离措施。
④ 电缆线路防火措施是否完备。

（四）电缆终端巡视

电缆终端头巡视主要包括以下内容：

① 连接部位是否良好，有无过热现象，相间及对地距离是否符合要求。
② 电缆终端头和支持绝缘子的瓷件或硅橡胶伞裙套有无脏污、损伤、裂纹和闪络痕迹。
③ 电缆终端头和避雷器固定是否出现松动、锈蚀等现象。

④电缆上杆部分保护管及其封口是否完整。
⑤标识、标示是否清晰齐全。

⑥电缆终端有无放电现象。
⑦电缆终端是否完整，有无渗漏油，有无开裂、积灰、电蚀或放电痕迹。

⑧ 接地是否良好。

⑨ 电缆终端是否有不满足安全距离的异物，是否有倾斜现象，引流线不应过紧。

（五）电缆中间接头巡视

电缆中间接头巡视主要包括以下内容：

④ 底座支架是否锈蚀、损坏，支架是否存在偏移情况。
⑤ 防火阻燃措施是否完好。

⑥ 铠装或其他防外力破坏的措施是否完好。
⑦ 电缆井是否有积水、杂物现象。
⑧ 标识、标示是否清晰齐全。

① 外部是否有明显损伤及变形。
② 密封是否良好。
③ 有无过热变色、变形等现象。

（六）电缆分支箱巡视

电缆分支箱巡视主要包括以下内容：

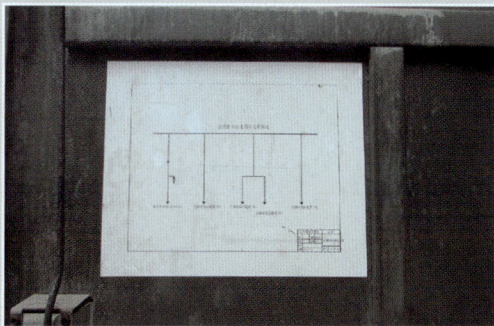

③ 标识、标示、一次接线图等是否清晰、正确。

① 基础有无损坏、下沉，周围土壤有无挖掘或沉陷，
电缆有无外露，螺栓是否松动。
② 箱内有无进水，有无小动物、杂物、灰尘。

④电缆洞封口是否严密，箱内底部填沙与基座是否齐平。

⑤壳体是否锈蚀、损坏，外壳油漆是否剥落，内装式铰链门开合是否灵活。

⑥电缆搭头接触是否良好，有无发热、氧化、变色等现象，电缆搭头相间和对壳体、地面距离是否符合要求。

⑦箱体内电缆进出线标识是否齐全，与对侧端标识是否对应。

⑧有无异常声音或气味。

⑨箱体内其他设备运行是否良好。

三　柱上设备巡视

柱上设备的巡视主要包括柱上开关设备、隔离负荷开关、隔离开关（刀闸）、跌落式熔断器、柱上电容器的巡视。

（一）柱上开关设备巡视

断路器和负荷开关巡视主要包括以下内容：

① 外壳有无渗漏油和锈蚀现象。

② 开关的固定是否牢固、是否下倾，支架是否歪斜、松动，引线接点和接地是否良好，线间和对地距离是否满足要求。

③ 套管有无破损、裂纹和严重污染或放电闪络的痕迹。

④ 各个电气连接点连接是否可靠，铜铝过渡是否可靠，有无锈蚀、过热和烧损现象。

⑤气体绝缘开关的压力指示是否在允许范围内，油绝缘开关油位是否正常。

⑥开关标识、标示，分、合和储能位置指示是否完好、正确、清晰。

（二）隔离负荷开关、隔离开关（刀闸）、跌落式熔断器巡视

隔离负荷开关、隔离开关（刀闸）、跌落式熔断器巡视主要包括以下内容：

① 绝缘件有无裂纹、闪络、破损及严重污秽。

②熔丝管有无弯曲、变形。

③触头间接触是否良好，有无过热、烧损、熔化现象。

④ 各部件的组装是否良好，有无松动、脱落。

⑤ 引下线接点是否良好，与各部件间距是否合适。

⑥ 安装是否牢固，相间距离、倾角是否符合规定。

⑦ 操作机构有无锈蚀现象。

⑧ 隔离负荷开关的灭弧装置是否完好。

（三）柱上电容器巡视

柱上电容器巡视主要包括以下内容：

① 绝缘件有无闪络、裂纹、破损和严重脏污。
② 有无渗、漏油。
③ 外壳有无膨胀、锈蚀。

④ 接地是否良好。

⑤ 放电回路及各引线接线是否良好。
⑥ 带电导体与各部的间距是否合适。
⑦ 熔丝是否熔断。

四　开关柜、配电柜巡视

开关柜、配电柜巡视主要包括以下内容：

①断路器分、合闸位置是否正确，与实际运行方式是否相符，控制把手与指示灯位置是否对应，SF$_6$断路器气体压力是否正常。

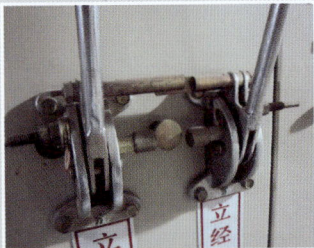

② 开关防误闭锁是否完好，柜门关闭是否正常，油漆有无剥落。

③ 设备的各部件连接点接触是否良好，有无放电声，有无过热变色、烧熔现象，示温片是否熔化脱落。

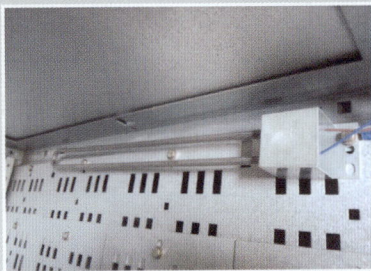

④ 设备有无凝露，加热器、除湿装置是否处于良好状态。

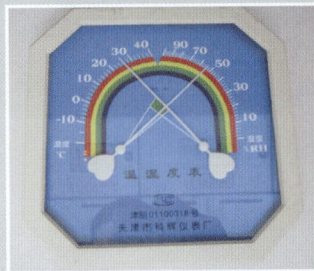

⑤ 接地装置是否良好，有无严重锈蚀、损坏。

⑥ 母线排有无变色变形现象，绝缘件有无裂纹、损伤、放电痕迹。

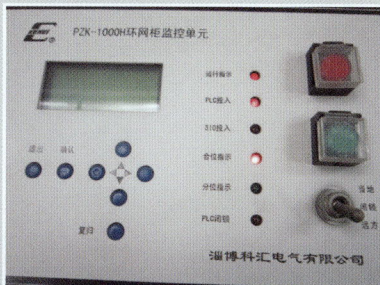

⑦ 各种仪表、保护装置、信号装置是否正常。

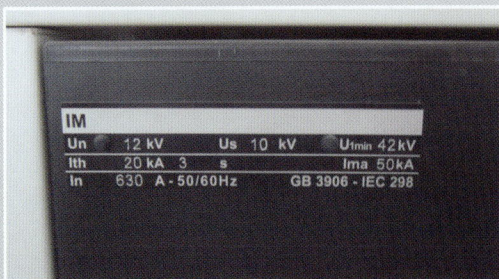

⑧ 铭牌及标识、标示是否齐全清晰。

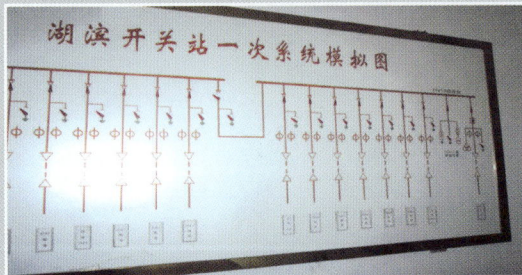

⑨ 模拟图板或一次接线图与现场是否一致。

五 配电变压器巡视

配电变压器巡视主要包括以下内容：

① 变压器各部件接点接触是否良好，有无过热变色、烧熔现象，示温片是否熔化脱落。

② 变压器套管是否清洁，有无裂纹、击穿、烧损和严重污秽，瓷套裙边损伤面积不应超过 $100mm^2$。

③ 变压器油温、油色、油面是否正常，有无异声、异味，在正常情况下，上层油温不应超过85°，最高不应超过95°。

④ 各部位密封圈（垫）有无老化、开裂，缝隙有无渗、漏油现象，配电变压器外壳有无脱漆、锈蚀，焊口有无裂纹、渗油。

⑤ 调压配电变压器分接开关指示位置是否正确。

⑥ 呼吸器是否正常、有无堵塞，硅胶有无变色现象，绝缘罩是否齐全完好，全密封变压器的压力释放装置是否完好。

⑦ 变压器有无异常声音，是否存在重载、超载现象。

⑧ 标识、标示是否齐全、清晰，铭牌和编号等是否完好。

⑨ 变压器台架高度是否符合规定，有无锈蚀、倾斜、下沉，木构件有无腐朽，砖、石结构台架有无裂缝和倒塌可能。

⑩ 地面安装变压器的围栏是否完好，平台坡度不应大于 1/100。

⑪ 引线是否松弛，绝缘是否良好，相间或对构件的距离是否符合规定。

⑫ 温度控制器显示是否异常，巡视中应对温控装置进行自动和手动切换，观察风扇启停是否正常等。

六 防雷和接地装置巡视

防雷和接地装置巡视主要包括以下内容：

① 避雷器本体及绝缘罩外观有无破损、开裂，有无闪络痕迹，表面是否脏污。

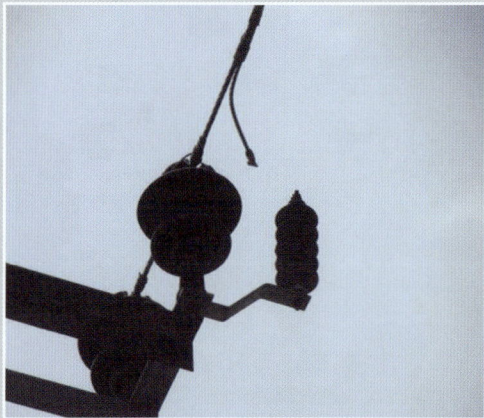

② 避雷器上、下引线连接是否良好，引线与构架、导线的距离是否符合规定。

③ 避雷器支架是否歪斜，铁件有无锈蚀，固定是否牢固。

④ 带脱离装置的避雷器是否已动作。

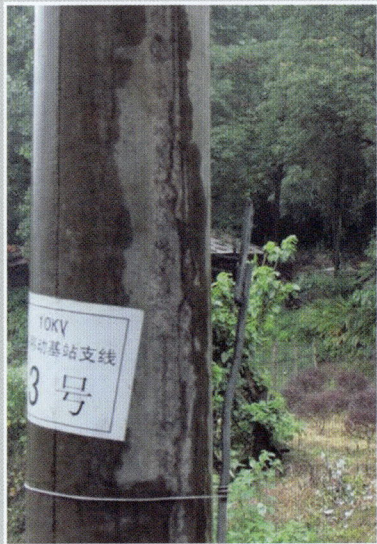

⑤ 防雷金具等保护间隙有无烧损、锈蚀或被外物短接，间隙距离是否符合规定。

⑥ 接地线和接地体的连接是否可靠，接地线绝缘护套是否破损，接地体有无外露、严重锈蚀，在埋设范围内有无土方工程。

⑦ 设备接地电阻应满足表 2 的要求。

表 2　　　　　　　　　　配电网设备接地电阻

配电网设备	接地电阻（Ω）
柱上开关	10
避雷器	10
柱上电容器	10
柱上高压计量箱	10
总容量 100kVA 及以上的变压器	4
总容量为 100kVA 以下的变压器	10
开关柜	4
电缆	10
电缆分支箱	10
配电室	4

⑧ 有避雷线的配电线路，其杆塔接地电阻应满足表 3 要求。

表 3　　　　　　　　　　　电杆的接地电阻

土壤电阻率（Ωm）	工频接地电阻（Ω）
100 及以下	10
100 以上至 500	15
500 以上至 1000	20
1000 以上至 2000	25
2000 以上	30

七　站房类建（构）筑物巡视

站房类建（构）筑物巡视主要包括以下内容：

① 建（构）筑物周围有无杂物，有无可能威胁配电网设备安全运行的杂草、蔓藤类植物等。

② 建（构）筑物的门、窗、钢网有无损坏，房屋、设备基础有无下沉、开裂，屋顶有无漏水、积水，沿沟有无堵塞。

③ 户外环网单元、箱式变电站等设备的箱体有无锈蚀、变形。
④ 建（构）筑物、户外箱体的门锁是否完好。

⑤ 电缆盖板有无破损、缺失，进出管沟封堵是否良好，防小动物设施是否完好。

⑥ 室内是否清洁，周围有无威胁安全的堆积物，大门口是否畅通、是否影响检修车辆通行。

⑦ 室内温度是否正常，有无异声、异味。

⑧ 室内消防、照明设备、常用工器具是否完好齐备、摆放整齐，除湿、通风、排水设施是否完好。

Part 2

配电网维护主要包括一般性消缺、检查、清扫、保养、带电测试、设备外观检查和临近带电体修剪树（竹）、清除异物、拆除废旧设备、清理通道等工作。配电网运维人员在维护工作中应随身携带相应的资料、工具、备品备件和个人防护用品。配电网维护一般结合巡视工作完成。

配电网维护

一 架空线路维护

架空线路的维护包括通道、杆塔和基础、拉线的维护。

（一）通道维护

通道维护主要包括以下内容：

① 补全、修复通道沿线缺失或损坏的标识、标示。

② 清除通道内的易燃、易爆物品和腐蚀性液（气）体等堆积物。

③清除可能被风刮起危及线路安全的物体。

④清除威胁线路安全的蔓藤、树（竹）等异物。

（二）杆塔、导线和基础维护

杆塔、导线和基础巡视主要包括以下内容：

① 补全、修复缺失或损坏杆号（牌）、相位牌、3m线等杆塔标识和警告、防撞等安全标示。

② 修复符合D类检修的铁塔、钢管杆、混凝土杆接头锈蚀、变形倾斜和混凝土杆表面老化、裂缝。

③ 修复符合D类检修的杆塔埋深不足和基础沉降。

④补装、紧固塔材螺栓、非承力缺失部件。

⑤ 清除导线、杆塔本体异物。

⑥ 定期开挖检查（运行工况基本相同的可抽样）铁塔、钢管塔金属基础和盐、碱、低洼地区混凝土杆根部，每5年1次，发现问题后每年1次。

（三）拉线维护

拉线维护主要包括以下内容：

① 补全、修复缺失或损坏拉线警示标示。

② 修复拉线棒、下端拉线及金具锈蚀。

④修复符合 D 类检修的拉线埋深不足和基础沉降。

⑤定期开挖检查（运行工况基本相同的可抽样）镀锌拉线棒，每 5 年 1 次，发现问题后每年 1 次。

③修复拉线下端缺失金具及螺栓，调整拉线松紧。

二　电力电缆线路维护

电力电缆线路的维护主要包括通道、电缆本体及附件、电缆分支箱的维护。

（一）通道维护

通道维护主要包括以下内容：

① 修复破损的电缆隧道、排管包封、工井、井盖，补全缺失的井盖。
② 加固保护管沟，调整管沟标高。

③ 封堵电缆孔洞，补全、修复防火阻燃措施。

④修复电缆隧道内部防火、防水、照明、通风、支架、爬梯等损坏的附属设施。

⑤修复锈蚀的电缆支架，更换或补全缺失、破损、严重锈蚀的支架部件。

⑥修复存在连接松动、接地不良、锈蚀等缺陷的接地引下线。

⑦ 清除电缆通道、工井、检修通道、电缆管沟、隧道内部堆积的杂物。

⑧ 补全、修复通道沿线缺失或损坏的标识、标示，校正倾斜的标识桩。

（二）电缆本体及附件维护

电缆本体及附件维护主要包括以下内容：

①修复有轻微破损的外护套、接头保护盒。

②补全、修复防火阻燃措施。
③补全、修复缺失的电缆线路本体及其附件标识。

（三）电缆分支箱维护

电缆分支箱维护主要包括以下内容：

① 清除柜体污秽，修复锈蚀、油漆剥落的柜体。
② 修复、更换性能异常的带电显示器等辅助设备。

三　柱上设备维护

柱上设备维护主要包括以下内容：

① 保养操作机构，修复机构锈蚀。
② 清除设备本体上的异物。

③ 修剪、砍伐与设备安全距离不足的蔓藤、树（竹）等异物。

四　开关柜、配电柜维护

开关柜、配电柜维护主要包括以下内容：

① 定期开展开关柜局部放电测试，特别重要设备 6 个月 1 次，重要设备 1 年 1 次，一般设备 2 年 1 次。

② 清除柜体污秽，修复锈蚀、油漆剥落的柜体。

③ 修复、更换性能异常的带电显示器、故障指示器等辅助设备。

五　配电变压器维护

配电变压器维护主要包括以下内容：

① 定期开展负荷测试，特别重要、重要变压器 1~3 个月 1 次，一般变压器 3~6 个月 1 次。

②清除壳体污秽，修复锈蚀、油漆剥落的壳体。

③更换变色的呼吸器干燥剂（硅胶）。

④补全油位异常的变压器油。

六　防雷和接地装置的维护

防雷和接地装置的维护主要包括以下内容：

①修复连接松动、接地不良、锈蚀等情况的接地引下线。

②修复缺失或埋深不足的接地体。

③ 定期开展接地电阻测量，柱上变压器、配电室、柱上开关设备、柱上电容器设备每 2 年进行 1 次，其他有接地的设备接地电阻测量每 4 年进行 1 次，测量工作应在干燥天气进行。

七　站房类建（构）筑物的维护

站房类建（构）筑物的维护主要包括以下内容：

① 清理站所内外杂物，修缮、平整运行通道。

② 修复破损的遮（护）栏、门窗、防护网、防小动物挡板等。

③修复锈蚀、油漆剥落的箱体及站所外体。

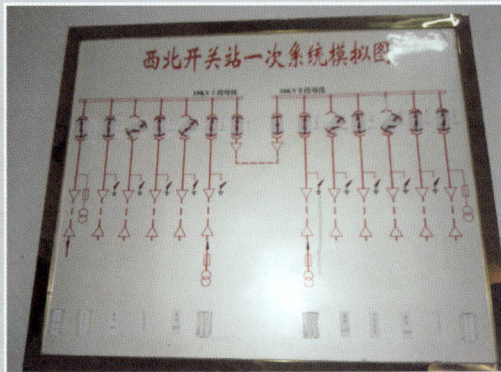

④补全、修复缺失或破损的一次接线图。

⑤ 更换不合格消防器具、常用工器具。

⑥ 修复出现性能异常的照明、通风、排水、除湿等装置。

附录

配网运维工作规范

（一）工作前准备

核对巡视配电网设备、设施的技术资料，做到心中有数；提前了解当天的天气情况并根据巡视线路的自然状况，准备巡视所需的常用工器具、材料（常用的有脚扣、安全带、麻绳、令克棒、验电笔、测距仪、手套、工具包、反光膜、拉线套管、油漆、锄头、油锯、绝缘手套等）（图①）、防护装备（图②）和巡视记录本等改造资料（图③）。

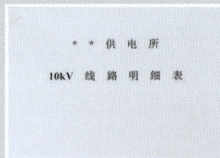

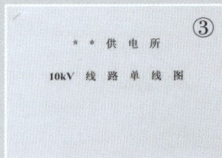

　　巡视人员应穿工作服、绝缘鞋、戴安全帽，携带望远镜（必要时还需携带红外线测温仪、测高仪）、通信工具，并根据当天气候情况准备雨鞋、雨衣，暑天山区巡视应配备必要的防护工具和防蜂、蛇的药品，巡视人员应带一根不短于 1.2m 的木棒，防止动物袭击。夜间巡视应携带足够的照明工具（图④）。（工作负责人穿好红马甲及身份标示）

　　工作负责人：稍息！立正！

④

⑤ 工作开始前指派驾驶员对车辆情况进行出车前检查。

⑥ 根据本次巡视任务所需的工器具、材料清单指派两名队员负责工器具的领取、装车。

⑦ 两名队员负责材料的领用、装车。

注：此处不计时，但动作要紧凑、物品摆放有序。

⑧ 1# 电工、2# 电工、3# 电工领取工器具、材料并装车（队员说，是）这时，各队员应迅速按各自分工展开工作。

⑨（1#）汇报：工器具已领取、检查合格，符合施工要求。

（2#）汇报：材料已领取、检查齐全，符合施工要求。

（二）召开班前会

领取巡视工作任务单，召开班前会，交代巡视范围、巡视内容，落实责任分工【注意：工作负责人要看清、弄懂任务单中的内容，有疑问及时向工作布置人提出。】

清楚任务后，由工作负责人带领全体人员到相应地点（仓库门前或工程车附近）。

各队员迅速自行列队，等候工作负责人口令。

履行开工手续，现场召开班前会。

工作负责人：向右看齐！向前看！稍息！

①检查个人着装！（检查安全帽、领口、两袖口、钳套、鞋带，动作整齐一致）

② 同志们，（此时全体工作人员迅速立正站好）根据巡视工作任务单要求，今天我们的工作任务是××设备巡视工作；巡视目的是掌握××设备运行状况和周围的环境状况，及时发现缺陷和威胁设备安全的隐患，结合当前季节特点要重点关注××（鸟巢、藤类植物等对配电网设备的影响情况）。巡视工作结束后，统一在××处集合。

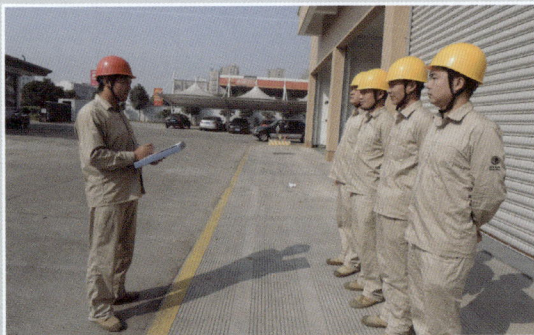

③下面进行人员分工：
由我担任本次工作的负责人；
（1#电工）（回答：到！）
主要负责××巡视工作；
（2#电工）（回答：到！）
主要负责××巡视工作；
（3#电工）（回答：到！）
主要负责××巡视工作；
……

工作任务是否清楚？
（回答：清楚！）

④ 你们今天的身体状况是否良好！精神状态是否良好！（回答：好！）

⑤工作中应注意的危险点和安全措施见表 4。

表 4　　　　　　　　　工作中应注意的危险点和安全措施

危险点	安 全 措 施
狗咬、蜂蜇、交通、意外、溺水	巡线路过村屯和可能有狗的地方先吆喝，备用棍棒，防备被狗咬
	发现蜂窝时不要触碰。带治疗蜂蜇、蛇咬药及防中暑的药品
	横过公路、铁路时，要注意观望，遵守交通法规，以免发生交通意外事故
	过河时，不得蹚不明深浅的水域，不得踩薄或疏松的冰。过没有护栏的桥时，要小心防止落水
	巡线时应穿工作鞋，路滑或过沟、崖、墙时防止摔伤，沿线路前进，不走险路
	单人巡视时禁止攀登杆塔
触电伤害	沿线路外侧行进，大风巡视应沿线路上风侧前进
	发现导线断落地面或悬空中，应设法防止行人靠近断线地点 8m 以内
	登杆塔检查时与带电体保持足够的安全距离，带电体上有异物时严禁用手直接取下

⑥工作中的危险点和安全措施是否明白！
（回答：明白！）

⑦好，请大家签字！

⑧签字后，由工作负责人向任务布置人汇报：稍息，立正，报告班长！巡视分队已做好巡视前准备，并进行了巡视前的"三交三查"（交任务、交安全、交措施，查工作着装、查精神状态、查个人安全用具）工作，是否可以出发！请指示！

任务布置人签字后，开始工作。工作负责人向班组成员宣布：立正、向右转，登车。

（动作要求：上车时要有序，落座后自觉系好安全带）

（三）现场巡视

① 到达指定位置后，第一批巡视人员先行下车，正式巡视开始前要再次核对线路双重命名正确无误，方可逐杆开始巡视。

② 工作负责人：1#、2#、3#电工，准备下车、开始工作！（回答：是！）

发现缺陷及隐患应认真填写包括气象条件、巡视人、巡视日期、巡视范围、线路设备名称及发现的缺陷情况、缺陷类别，沿线危及线路设备安全的树（竹）、建（构）筑物和施工情况、存在外力破坏可能的情况、交叉跨越的变动情况以及初步处理意见和情况等内容的巡视记录。

③ 巡视人员在发现危急缺陷时应立即向班长汇报，并协助做好消缺工作；发现影响安全的施工作业情况，应立即开展调查，做好现场宣传、劝阻工作，并书面通知施工单位。

④ 在整个工作期间，工作负责人要与各巡视小组保持
联系，掌握整个巡视分队的巡视进度，及时提供相应
技术、后勤保障支持。

（四）班后会

① 到指定集合地点等所有队员返回后，工作负责人要现场清点人数、检查工器具、材料数量，听取各小组巡视结合汇报。

（1#、2#、3#）报告：巡视工作已完成，人员已撤离，材料工具已清理完毕。

好！大家辛苦了，今天工作按要求顺利完成，无不安全现象，回去后及时根据本次巡视记录情况，完善相关线路资料工作，收队。

　　② 全体工作人员登车返程，工作负责人结合本次工作任务单的票面填写。返回单位后指派人员对工器具、材料进行卸车、入库，办理好相关出入库手续。

　　及时快步跑向任务布置人汇报本次巡视工作情况，重点反馈线路重大及以上缺陷，为线路检修和消缺提供依据。

（五）后期资料录入

③ 根据巡视情况，督促相关人员做好配电网管理记录台账（例：巡视记录本、交叉跨越记录、缺陷记录、设备接地电阻记录、完善相关图纸等）。